ASSOCIATION FRANÇAISE
pour le Développement des Travaux Publics
Constituée conformément à la loi de 1901

4e CONGRÈS NATIONAL DES TRAVAUX PUBLICS FRANÇAIS
à PARIS, les 18, 19 & 20 Novembre 1912

1re SECTION

LE PORT DE LA ROCHELLE

SON DÉVELOPPEMENT

SON PROGRAMME DE NOUVEAUX TRAVAUX

PAR

M. Christian MÖRCH

Président de la Chambre de Commerce de La Rochelle

SIÈGE SOCIAL
EN L'HOTEL DES INGÉNIEURS CIVILS
19, Rue Blanche, 19

SECRÉTARIAT ADMINISTRATIF
35, Rue Le Peletier, 35
PARIS

ASSOCIATION FRANÇAISE
POUR LE DÉVELOPPEMENT DES TRAVAUX PUBLICS

Constituée conformément à la loi de 1901

Président

M. Ch. PREVET, ancien Sénateur.

Vice-Présidents

M. BAUDIN, Ancien Ministre des Travaux publics.

M. GROSELIER, ancien Président du Syndicat professionnel des Entrepreneurs de Travaux Publics de France.

M. MILLERAND, Ministre de la Guerre, ancien Ministre du Commerce et des Travaux Publics

M. BERTIN, membre de l'Académie des Sciences.

Secrétaire général

M. J. HERSENT, Entrepreneur de Travaux maritimes.

Secrétaire trésorier

M. E. BOURDONNAY, Directeur du *Journal des Travaux publics.*

Secrétaire

M. GALLOTTI, Ingénieur civil.

Rapporteur général

M. le Lieutenant-Colonel ESPITALLIER.

1re section : Ports

M. MAURY. Ingénieur civil, Président.

M. QUELLENEC, Ingénieur en chef des Ponts-et-Chaussées, Vice-Président.

2e section : Voies navigables

M. MALLET, Ingénieur civil, Président.

M. ALBY, Ingénieur en chef des Ponts-et-Chaussées, Vice-Président.

3e section : Chemins de Fer et Voies de Communication

M. DUPORTAL. Président, Inspecteur Général des Ponts et Chaussées en retraite.

M. BARBET. Ingénieur civil, Vice-Président.

4e section : Utilisation des Eaux et Hygiène

M. DUMONT, ancien Président de la Société des Ingénieurs Civils, Président.

M. CHARDON, Ingénieur civil, Vice-Président.

5e section : Entreprises d'utilité publique

M. SIBILLE, Député, Président.

M. le Comte d'Agoult, Vice-Président, ancien Député.

LE PORT DE LA ROCHELLE

SON DÉVELOPPEMENT
SON PROGRAMME DE NOUVEAUX TRAVAUX

Par M. Christian MÖRCH

Président de la Chambre de Commerce de La Rochelle

La Rochelle, « grande ville et notable, de moult ancienne fondation », comme disaient déjà ses statuts municipaux de 1407, n'est pas seulement célèbre par la lutte héroïque qu'elle soutint contre le puissant cardinal de Richelieu.

Elle n'est pas seulement remarquable par ses vieilles tours, sur chaque pierre desquelles est gravée une page de son histoire, ou par le pittoresque de ses maisons à pignons et de ses rues à arcades.

Ce qui, plus que tout le reste, a fait la célébrité de la cité Rochelaise, c'est l'énergie de ses habitants à maintenir leur indépendance et la prospérité de leur ville; ce sont leurs éminentes aptitudes maritimes et commerciales; c'est la lutte persévérante et inlassable qu'à maintes reprises ils ont soutenue contre les conjonctures adverses, contre les forces de la nature.

Par sa situation naturelle, son port présentait des conditions de sécurité absolument exceptionnelles qui ne pouvaient manquer de provoquer chez les Rochelais les plus audacieux le désir de s'aventurer sur l'Océan.

Placé au fond d'une baie bien abritée, d'un échouage sûr et commode sur un fond de vase, il procurait aux plus hardis de grandes facilités pour étendre le champ de leurs tentatives. A proximité, en effet, ils trouvaient deux grandes rades : au Nord, la Pallice, abritée par l'île de Ré, au Sud, les Trousses, abritées par l'île d'Oléron; et de là ils pouvaient explorer avec sécurité toute la région maritime qui s'étend de part et d'autre sur le littoral de ces deux îles et du continent.

L'expérience de la mer enhardissant ces navigateurs, ils eurent bien vite franchi la porte de l'Océan que constitue le pertuis d'Antioche, qui sépare les deux îles de Ré et d'Oléron.

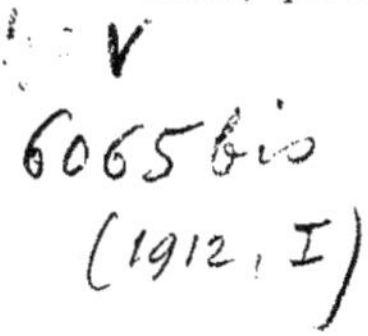

Ces tentatives devaient d'autant plus réussir que, s'il survenait brusquement une violente tempête, la direction des vents dangereux ramenait vers notre port le marin aventureux qui s'était laissé surprendre au large.

C'est donc par la confiance qu'inspiraient aux navigateurs ses accès naturels que le port de La Rochelle vit se développer sa fortune sous l'effort des ses marins, heureusement secondés par l'activité commerciale de ses habitants sédentaires.

Avec l'extension des relations commerciales maritimes, La Rochelle devint bientôt riche et puissante, et elle ne tarda pas à susciter bien des convoitises et à provoquer bien des ambitions : ce fut la période de ses épreuves, mais aussi de ses temps héroïques.

La période critique fut de courte durée et les penchants naturels des Rochelais les ramenèrent à cette navigation qui leur assurait la prospérité.

Mais l'expérience de la mer, la nécessité d'étendre les relations maritimes vers des pays lointains les obligèrent à recourir à des navires de dimensions de plus en plus grandes.

Les aménagements naturels du port furent insuffisants, et, à partir du milieu du xvie siècle, il fut nécessaire de les compléter successivement par des travaux d'appropriation en harmonie avec les nouveaux besoins.

Cette période a vu édifier les quais verticaux du havre d'échouage, le bassin intérieur à niveau constant avec un minimum de 4 mètres de tirant d'eau, et enfin le bassin à flot extérieur, voisin du précédent, inauguré en 1862, complété par le creusement d'un chenal et procurant un minimum de 6 mètres de tirant d'eau aux pleines mers de mortes eaux.

Tous ces ouvrages sont dans le même voisinage.

*
* *

Dès 1870, huit ans après, la Chambre de Commerce les juge à nouveau insuffisants. Mais ce ne fut que le 2 janvier 1873 qu'elle demande à M. le Ministre des Travaux publics la création d'un nouveau bassin, « accessible aux navires d'un fort tirant d'eau ».

La question fut alors mise à l'étude et sa solution poursuivie activement par les corps élus de La Rochelle.

Le programme qui semblait s'imposer résultait des profondeurs du canal de Suez; c'était donc un tirant d'eau de huit mètres au minimum à pleines mers de mortes eaux que les ouvrages à prévoir devaient procurer.

Les efforts communs de la Chambre de Commerce et du Conseil municipal aboutirent, en 1876, à l'envoi d'une mission d'étude et d'exploration de la baie et de ses abords, sous l'habile direction de l'éminent ingénieur hydrographe, M. Bouquet de la Grye.

De cette étude approfondie et digne de son auteur, il résulta une conclusion qui peut ainsi se résumer :

Il ne serait possible d'exécuter au fond de la baie qui fut le berceau commercial de La Rochelle, ou dans le voisinage immédiat des aménagements actuels, des travaux pouvant réaliser les conditions de tirant d'eau prévu, que moyennant des dépenses d'établissement et d'entretien hors de proportion avec les résultats à en espérer, et encore avec cette conséquence certaine : que cet effort serait le dernier pouvant être réalisé, quelles que fussent dans l'avenir les exigences de la navigation.

Ainsi limitée, cette conclusion entraînait la déchéance maritime définitive de La Rochelle, mais les avantages de sa situation permettaient de ne pas prononcer encore une condamnation sans appel.

En effet, poursuivant son étude vers le nord de la baie, M. Bouquet de la Grye releva, très proches du rivage et touchant la rade de la Pallice, dont les profondeurs sont immuables, des fonds de (— 5 mètres), soit 9 mètres de tirant d'eau sur les pleines mers de mortes eaux.

Avec la profonde conviction que l'avenir devait sanctionner ses prévisions, il appela toute l'attention des intérêts locaux et de M. le Ministre des Travaux publics sur les avantages que présentait le point de la côte au nord de la baie de La Rochelle dénommée « mare à la Besse », où, suivant son expression enthousiaste, qui, nous l'espérons, paraîtra moins téméraire après cet exposé, il était permis d'entrevoir la création d'un « Liverpool français ».

Cette conclusion ne fut pas acceptée avec empressement par tous les Rochelais : il leur était pénible de consentir *l'extension* de leur port par des travaux distants de 5 kilomètres du centre de la ville; mais la confiance que leur inspirèrent l'étude et les conclusions de l'éminent ingénieur hydrographe fit taire toutes les oppositions, et bientôt une loi de 1880 déclarait d'utilité publique les travaux de création du bassin de La Rochelle-Pallice, avec avant-port débouchant directement sur la rade de ce nom.

Le bassin de La Rochelle-Pallice ouvert à la navigation en 1891, comprend un avant-port et un bassin à flot unique, auquel on accède par une écluse à sas.

L'avant-port, d'une surface de 12 hectares environ, est limité du côté du large par deux jetées convergentes pleines, en maçonnerie, et ménageant une passe de 90 mètres de largeur; il est déblayé dans le rocher calcaire, et le fonds arasé à la cote — (5 m.) (1).

Le sas de l'écluse a une longueur utile de 167 m. 50 et une largeur de 22 mètres; son radier est à la cote — (5 m.); il est muni d'une paire de portes de flot servant de portes de gardes et de deux paires de portes d'èbe.

Le bassin à flot, creusé à la cote — (4 m.), a une superficie de 11 hectares; il présente une longueur utilisable de quais verticaux en maçonnerie de 1 600 mètres et une largeur maximum de 201 m. 10.

Deux formes de radoub débouchent dans ce bassin; l'une a 14 mètres de largeur, une longueur utile de 111 mètres, un seuil à la cote — (2 m. 50).

L'autre a 22 mètres de largeur, une longueur utile de 180 mètres, un seuil à la cote — (3 m. 50).

Les dimensions de tous ces ouvrages sont en harmonie pour permettre de recevoir à toute pleine mer de l'année, de faire évoluer, de sasser et de caréner des navires présentant les dimensions maxima suivantes :

Longueur	170 mètres
Largeur	20 —
Tirant d'eau.......................	8 —

Pendant longtemps, on a dit, on a écrit à satiété que la création de La Rochelle-Pallice avait été une folie; que le bassin était toujours vide, les quais toujours déserts.

Appréciations erronées, intéressées parfois, résultant en tous cas d'informations inexactes.

En effet, depuis la mise en service de ce nouveau bassin, qui fit l'objet d'un arrêté préfectoral du 5 juin 1891, le mouvement mari-

---

(1) Toutes les cotes sont rapportées au zéro des cartes marines (niveau des plus basses mers d'équinoxe)

time du port de La Rochelle a repris une marche ascendante et ininterrompue.

En 1880, en effet, le tonnage du port de La Rochelle était de.............................. 500 727 tonneaux

En 1890, année qui précéda l'ouverture du bassin de La Rochelle-Pallice, il n'atteignait encore que................................ 584 637 —

Dès 1895, le tonnage total était passé à.... 1 224 604 —

Pour atteindre en 1900.................... 1 475 666 —

En 1910, il s'est élevé à................. 2 501 555 —

Le tonnage des marchandises a suivi la même marche ascendante :

En 1890, les entrées et sorties réunies étaient de 297 125 tonnes

En 1910, elles sont passées à.................. 847 845 —

En 1890, il n'y avait aucun mouvement de passagers.

En 1911, le mouvement des passagers de ou sur l'Amérique du Sud (Chili, etc.), et le Sénégal et le Congo a atteint 5 887.

Mais on a dit aussi que ce mouvement profitait uniquement au commerce local et que le commerce national n'y était pas intéressé, que, par conséquent, les travaux de La Rochelle-Pallice n'avaient pas eu le caractère d'un intérêt général. La comparaison du mouvement de la navigation entre La Rochelle et les pays étrangers avant et après l'ouverture du bassin de La Rochelle-Pallice suffirait à détruire cette erreur.

En Europe, l'Allemagne, l'Angleterre, la Belgique, le Danemark, l'Espagne, la Finlande, la Hollande, la Norwège, le Portugal, la Russie, la Suède, sont en communications directes avec La Rochelle par des services réguliers à départs fréquents.

En Amérique, le Brésil, le Chili, les Etats-Unis du Nord, la République Argentine sont desservis par des lignes de vapeurs qui font régulièrement escale à La Rochelle.

La Tunisie, l'Algérie et le Maroc sont reliés à notre port par les services de la Maison Delmas frères, de La Rochelle, le Sénégal et le Congo, par la Compagnie belge maritime du Congo.

L'Angleterre et l'Allemagne nous envoient leur houille, les pays du Nord de l'Europe et le Canada, leurs bois de construction, l'Espagne, ses pyrites, les ports de la mer Noire, leur pétrole.

Des Etats-Unis de l'Amérique du Nord nous viennent des céréales, du pétrole, des phosphates de chaux; de l'Argentine, des céréales, du Chili, de grosses quantités de nitrate de soude.

Les Canaries nous donnent leurs excellentes bananes; l'Algérie introduit par notre port une partie de ses vins et, avec la Tunisie, alimente de phosphates nos usines de superphosphates; les Indes anglaises approvisionnent en jute les filatures de notre région et en os notre fabrique de colles et de gélatines.

Etc..., etc...

En revanche, le port de La Rochelle distribue dans toutes les parties du monde les cognacs inimitables récoltés et distillés dans les Charentes; il approvisionne de pommes de terre récoltées dans l'Ouest et le Centre de la France, l'Algérie et les pays de l'Amérique du Sud; l'industrie française charge en outre sur les vapeurs qui fréquentent notre port et pour toutes destinations mille objets de luxe, de confort, d'utilité, d'utilisation privée, industrielle, agricole, etc..., qu'il serait trop long d'énumérer ici.

Etc..., etc...

Or ce mouvement ne dessert pas seulement des intérêts locaux; ce sont tous nos industriels, tous nos négociants français qui profitent des lignes de navigation qui fréquentent notre port. Et la seule inspection des tableaux statistiques détaillés des importations et exportations que publie chaque année la Chambre de Commerce de La Rochelle, suffirait à montrer que la part du commerce local est assez restreinte dans le chiffre des exportations notamment. Et par là se justifie l'intérêt national d'un port facilement accessible, bien outillé comme est celui de La Rochelle-Pallice.

Dans ce mouvement, le pavillon français a une part prépondérante comme déjà en 1910, M. Ms le constatait dans un article publié par le *Journal des Débats* (1er juin 1910).

Aujourd'hui, pour 250 escales de lignes régulières françaises, on compte seulement 200 escales de lignes régulières étrangères.

* * *

Mais les ouvrages inaugurés en 1890 sont menacés de ne plus répondre aux besoins de la grande navigation.

En effet, les dimensions limites des navires que peut actuellement recevoir le port sont sur le point d'être atteintes, quant à la longueur et à la largeur, par quelques-uns de ceux qui le fréquentent déjà, et sont dépassées quant au tirant d'eau si l'on considère seulement leur accessibilité dans le bassin à toute marée.

Cet établissement maritime est dès maintenant tout à fait insuffisant pour répondre aux exigences de la grande navigation moderne, et il le serait dans un avenir rapproché pour satisfaire aux besoins mêmes du mouvement commercial dont il est l'objet.

Enfin l'ouverture prochaine du canal de Panama va provoquer dans l'Atlantique de nouvelles relations, dont le littoral français pourra tirer profit, s'il est suffisamment préparé en temps opportun pour cette éventualité.

Or La Rochelle-Pallice se trouve dans des conditions merveilleusement favorables pour que l'on puisse y créer des ouvrages répondant à ces données avec une dépense relativement faible, et sous ce rapport, il a une situation unique sur la côte de l'Océan.

Par sa position géographique;

Par la proximité d'une rade sûre, bien abritée du côté du large par l'île de Ré, offrant des fonds stables de 12 mètres au minimum au-dessous des plus basses mers (— 12 mètres), à moins de 1 000 mètres de distance de l'extrémité des jetées actuelles;

Par son accès facile, que ne contrarient ni barre, ni dangers, ni brume, et qui réduit au minimum la durée des escales;

Par la nature du sol même, rocher calcaire, permettant de fonder économiquement les ouvrages sans présenter de trop grandes difficultés pour le creusement des profondeurs;

Par tous ces avantages réunis, le port de La Rochelle-Pallice est tout désigné pour devenir un grand port de l'Ouest, ouvert sur le nouveau Monde aux produits de la France et de l'Europe occidentale.

C'est guidée par ces considérations que la Chambre de Commerce de La Rochelle a pris l'initiative d'un programme de travaux d'améliorations et d'agrandissements qui, ayant reçu l'approbation du Conseil général des Ponts et Chaussées, est actuellement soumis aux enquêtes réglementaires: le projet de loi déclaratif d'utilité publique sera déposé à la rentrée des Chambres.

Les travaux projetés ont pour but d'assurer le développement normal du trafic actuel, tout en réservant la possibilité de transformer ultérieurement le port en un port de vitesse de premier ordre, en mettant à profit les remarquables conditions nautiques que présente la rade de La Rochelle-Pallice que nous venons d'indiquer.

Le programme d'ensemble envisagé pour obtenir ce résultat serait réalisé en trois étapes successives correspondant :

La première, à la transformation de l'avant-port actuel en bassin de marée, avec construction d'un môle au large pour la protection de l'entrée;

La deuxième, à la transformation de ce môle en quai d'escale accessible à toute heure aux navires de 10 à 12 mètres de tirant d'eau, ainsi qu'à l'établissement d'un engin de radoub pour ces navires;

La troisième, à la création d'un vaste avant-port à grande profondeur donnant accès à un nouveau bassin de marée du côté de l: Repentie.

Le tracé d'ensemble de ces ouvrages est figuré sur le plan ci-joint à l'échelle de 1/10 000ᵉ, avec des traits distincts pour chacune des différentes étapes.

Travaux compris à l'avant-projet.

L'avant-projet pris en considération par M. le Ministre des Travaux publics et qui est actuellement soumis aux enquêtes réglementaires, ne porte que sur les travaux de la première étape, qui sont prévus pour répondre aux besoins immédiats de la navigation.

Ces travaux comporteraient essentiellement :

La construction sur 760 mètres de longueur d'un môle de protection de l'entrée de l'avant-port, du côté du Nord-Ouest;

Le creusement à la cote (—7.00) de l'avant-port actuel et d'un chenal d'accès;

La transformation des jetées en quais de marée avec terre-pleins en arrière;

Le rescindement des musoirs, pour porter la largeur de l'entrée de 90 à 130 mètres;

La construction d'un pont mobile sur l'écluse;

Des travaux d'aménagement divers.

Môle de protection.

Pour montrer le rôle de cet ouvrage, il est nécessaire de rappeler sommairement le régime des vents et des lames aux abords de La Rochelle-Pallice.

En dehors des pertuis d'Antioche et Breton (voir carte marine). les grands vents viennent en général de la partie comprise entre l'Ouest et le Sud-Ouest.

Par coup de vent de la partie Ouest, la lame directe trouve devant elle l'île de Ré et ne peut arriver à La Pallice. La lame dérivée, après avoir perdu une partie de sa hauteur par un premier brisement sur la barre extérieure d'Antioche, entre dans le pertuis de ce nom en courant de l'Ouest-Nord-Ouest à l'Est-Sud-Est.

Elle vient ensuite pivoter autour de la pointe sud de l'île de Ré (pointe de Chauveau) en suivant les grands fonds qui conduisent à la rade de La Pallice.

Elle est alors très amortie et ne peut pénétrer dans l'avant-port grâce à l'avancement de la jetée sud qui couvre entièrement l'entrée.

Avec les vents du Sud-Ouest, la houle entrant dans le pertuis d'Antioche et s'y propageant du Nord-Ouest au Sud-Est est bientôt sollicitée par la direction du vent et par la courbure des lignes de fond à se rabattre dans le Nord-Est où elle vient interférer avec les lames de vent créées dans les 10 milles qui séparent La Rochelle de l'île d'Oléron. On a donc, par des vents du Sud-Ouest le maximum de puissance de la lame, mais, dans ce cas, l'avant-port ne reçoit encore qu'une très faible agitation par les ondulations qui pivotent autour du musoir sud. Les vents du sud ne donnent qu'une mer relativement faible dans la rade et précèdent en général pour très peu de temps les coups de mauvais temps du Sud-Ouest à l'Ouest.

Par les vents compris entre le Nord-Ouest et le Nord, le port est encore abrité et ne reçoit que la lame de vent créée entre la côte de Vendée et de La Pallice.

Il n'en est plus de même quand les vents soufflent de la région du Nord-Ouest. L'avant-port, qui a sa passe orientée vers cette direction, n'est protégé que par la barre du pertuis Breton, dite « Peu Breton » à 3 mètres sous zéro environ, qui s'étend de la côte de Ré entre Sablanceaux et La Flotte et la pointe de La Roche vers L'Aiguillon.

Ce seuil amortit considérablement la lame, qui entre sous forme de gros clapotis dans l'avant-port de La Pallice, court le long de la jetée sud et crée néanmoins une certaine agitation dans cet avant-port.

C'est de cette lame, mais de celle-là seulement, qu'il y a lieu de protéger l'avant-port pour en faire un bassin de marée suffisamment calme et permettre en toute sécurité les opérations à quai des navires.

L'avant-projet prévoit dans ce but la construction d'un môle-abri dans l'emplacement même du futur grand quai d'escale de la deuxième étape du programme d'ensemble.

Le secteur des forts coups de vent de Nord-Ouest qui peuvent parvenir à la Pallice est limitée au Nord par la tangente à la pointe du Grouin-du-Cou, en Vendée, et au sud par celle de la pointe de Saint-Laurent, dans l'île de Ré. Mais la pointe de Grouin-du-Cou est éloignée et la lame s'infléchit dans le pertuis Breton vers le sud, de sorte qu'il est prudent de couvrir l'entrée de l'avant-port un peu en dehors de cette direction. La tangente à la côte de L'Aiguillon, dite pointe de la Roche, représente à cet égard l'extrême limite des coups de vent un peu importants; aussi l'extrémité Nord du môle de protection a-t-elle été arrêtée sur une direction intermédiaire entre ces deux alignements.

L'extrémité Sud a été de même fixée par un alignement compris entre les tangentes à Saint-Laurent et à la pointe de Sablanceaux.

La longueur du môle ainsi défini serait de 760 mètres.

Il serait constitué par un soubassement en enrochement de diverses catégories, surmonté par un fût en maçonnnerie arasé à la cote + (9 m.), et portant lui-même du côté du large un mur-abri à la cote + (10 m. 50). Ce mode de construction n'a, du reste, rien de définitif et pourra être modifié dans le projet d'exécution.

Bassin de marée.

L'avant-port qui est actuellement creusé à la cote (5 m.), serait approfondi à la cote (7 m.), et un chenal très évasé vers le large serait ouvert dans le rocher calcaire jusqu'au fond de même importance que l'on trouve du reste à une faible distance des musoirs.

Des souilles de 35 mètres de largeur seraient en outre creusées à la cote — (10 m.) au pied des jetées actuelles, transformées en quais de marée, pour y permettre en tout temps le séjour des navires ayant jusqu'à 10 mètres de tirant d'eau.

Les jetées actuelles seraient rendues accostables par des estacades en ciment armé divisées en travées de 55 à 60 mètres par des piles en maçonnerie de 6 mètres de largeur. La jetée Nord serait rescindée sur 55 mètres environ de longueur, pour porter la largeur de l'entrée à 130 mètres, et la jetée Sud sur la longueur seulement du musoir qui dépasse le parement intérieur de près de 10 mètres, pour permettre aux navires de ranger de plus près l'extrémité du futur quai de marée Sud.

Les quais de marée obtenus auraient ainsi respectivement 300 mètres au Nord et 480 mètres au Sud. Des épaulements de 40 mètres de longueur les prolongeraient vers le large, ils seraient constitués par des murs verticaux que pourraient ranger les navires, et fondés à l'air comprimé sur le rocher calcaire à une cote variant de — (8 m.) à — (10 m.).

Derrière ces quais on créerait des terre-pleins en emprise sur la mer, avec une largeur de 125 mètres pour le quai Nord et de 150 mètres en moyenne pour le quai Sud.

Des digues de défense seraient établies suivant ces largeurs; mais, pour restreindre l'importance des terrassements, on limiterait les remblais immédiats, arasés à la cote + (8 m. 50) à 80 mètres de distance des quais, le surplus des emprises étant remblayé jusqu'à la cote + (5 m.) seulement.

La digue Sud serait constituée par un mur en maçonnerie fondé sur un cordon d'enrochements; la digue Nord, par un simple perré en maçonnerie fondé à la marée sur le calcaire.

Les abouts des terre-pleins seraient protégés par des perés orientés de manière à guider convenablement les courants à l'entrée et reposant, au Nord, sur des blocs artificiels mis en place après leur exécution, au Sud, sur des blocs en maçonnerie fondés à l'air comprimé.

L'avancement du terre-plein Sud par rapport à celui du Nord est tel que l'entrée de l'avant-port serait aussi bien protégée du côté Sud-Ouest qu'elle l'est actuellement.

Les remblais de terre-pleins proviendraient en partie des dérochements de l'avant-port et du chenal, ainsi que des dépôts des anciens déblais du port actuel existant le long de la côte entre Saint-Marc et La Repentie.

Ouvrages divers.

Un pont mobile serait établi sur le sas actuel, de manière à relier les deux rives de l'écluse par voie charretière et à permettre le passage d'une voie ferrée.

La chambre d'épanouissment qui existe au Sud-Est de l'avant-port serait remblayée en grande partie; on ne conserverait sur son emplacement qu'un brise-lames en pente de 50 mètres de profondeur.

La passerelle reliant l'écluse à la jetée Sud, au-dessus de cette chambre d'épanouissement, serait démolie, car les piles en maçonnerie qui la supportent, larges et mal orientées, contrarient beaucoup l'amortissement de la houle. La continuité du passage pour le halage serait rétablie au-dessus du pied du brise-lames par un nouvel ouvrage léger supporté par des palées en bois ou en béton armé.

Le brise-lames Nord serait intégralement conservé, le platelage en bois de l'appontement serait refait en ciment armé.

L'avant-projet de ces travaux a été soumis à une commission nautique, qui a émis un avis très favorable à leur exécution et a reconnu qu'ils ne pourraient en rien gêner les développements futurs du port de La Rochelle-Pallice.

Le montant de la dépense est évalué à 22 800 000 francs et la Chambre de Commerce s'est engagée, avec le concours de la Ville de La Rochelle et du Département, à fournir à l'Etat un subside égal à la moitié de cette somme.

Installations complémentaires.

En dehors des travaux compris à l'avant-projet, les nouveaux terre-pleins recevraient un ensemble d'installations comprenant des voies ferrées et des bâtiments pour l'exploitation des quais de marée et dont l'étude sera faite ultérieurement. Nous avons toutefois tracé sur le plan ci-joint les grandes lignes des faisceaux de voies ferrées qui paraissent répondre à ce but, d'après les installations actuelles ou en projet.

Du reste, le réseau de l'Etat poursuit actuellement :

La construction d'une gare de triage dans la dépression de Vaugouin, à l'Est du port de La-Rochelle-Pallice;

Le déplacement vers l'Est du bassin à flot et l'agrandissement de la gare locale de La Rochelle-Pallice, installée provisoirement sur les terre-pleins de première zone du quai Nord;

Le doublement du branchement desservant le Sud du bassin et l'exécution d'une voie passant derrière les terre-pleins de seconde zone;

La construction d'une voie, dite « des Usines », partant de l'extrémité Ouest du quai Nord, passant entre les usines et venant se souder à la ligne de La Rochelle avant la gare de Vaugouin, de façon à faciliter l'exploitation de l'ensemble des voies du quai nord et à permettre l'utilisation industrielle des terrains compris entre la Pallice et Laleu.

Dès lors, il serait facile de desservir le quai de marée Nord projeté par des voies venant se raccorder à la voie des usines, et le quai de marée Sud par des voies prolongeant celle existant au Sud du bassin. On relierait également les installations Nord et Sud par une voie franchissant l'écluse sur le pont mobile prévu.

Travaux de la deuxième étape.

Le môle d'escale qui constitue la deuxième étape du programme d'extension du port aurait une largeur en couronne de 50 mètres sur la plus grande partie de sa longueur et de 75 à 100 mètres pour le surplus. Il serait défendu du côté Ouest par le môle de protection des travaux immédiats, prolongé vers le Sud et du côté Est par un mur de soutènement formant quai d'accostage.

Il présenterait une longueur accostable de 600 mètres en ligne droite, orientée N.12°E, puis une longueur de 325 mètres orientée N.39°30'E, soit trois postes au moins de très grands navires.

Il serait relié à la côte par un viaduc donnant passage à une voie ferrée et à une voie charretière et par un terre-plein d'accès pour faciliter le raccordement des voies à celle des « Usines ».

Un chenal de 350 mètres de largeur ouvert à la cote — (10 m.) donnerait accès au môle, et une souille creusée à la cote — (12 m.) creusée au pied y permettrait le séjour des navires de 12 mètres de tirant d'eau. Le chenal entier pourrait d'ailleurs être creusé à la cote — (12 m.) si c'était nécessaire.

Par son orientation même, la partie accostable de ce môle serait protégée contre la houle du Sud-Ouest qui se manifeste dans le Sud de la rade, et contre le clapotis du Nord-Ouest, qui règne parfois dans le pertuis Breton. Un musoir avancé compléterait encore cette protection au Sud, en même temps qu'il guiderait le courant du côté des grands fonds et éviterait les remous à l'entrée du môle.

Grâce au viaduc reliant la partie pleine à la terre, la section du pertuis ne serait du reste que très peu diminuée jusqu'à l'exécution des travaux de troisième phase du programme, et les courants actuels ne seraient en conséquence pas sensiblement renforcés.

Avec le môle, on construirait un engin de radoub de dimensions appropriées à celles des navires susceptibles d'y faire escale. Une forme de 300 mètres de longueur utile pourrait par exemple être créée au fond de l'avant-port ou bassin de marée, à proximité des formes actuelles.

Travaux de la troisième étape.

Pour permettre au port ainsi amélioré de prendre dans l'avenir toute l'extension à laquelle il peut prétendre, le tracé des ouvrages ci-dessus a été étudié de manière qu'il soit possible de les utiliser pour la création d'un vaste avant-port à grande profondeur donnant accès à un nouveau bassin de marée se développant au nord de l'établissement actuel.

Le môle d'escale formerait précisément la jetée nord de ce nouvel avant-port et la digue du large en serait prolongée jusqu'à la côte, au nord de La Repentie, pour limiter l'emprise du bassin de marée, de terre-pleins et d'engins de radoub; le bassin aurait en outre des darses qui s'étendraient dans la direction de La Repentie.

Une autre jetée serait prévue au sud et prolongée par une digue d'emprise qui viendrait se souder au continent à peu de distance de la pointe de Chef de Baie, de manière à ménager une darse importante avec de nouveaux quais de marée.

La passe d'entrée, d'une largeur de 500 mètres, serait orientée vers l'Ouest-Sud-Ouest et ouverte dans les fonds naturels de 8 à 9 mètres à 500 mètres de distance à peine des fonds de 12 mètres. L'avant-port et l'entrée du bassin de marée se développeraient ainsi vers le Nord-Est dans la direction même que suivent les navires venant du large après avoir doublé la pointe de Chauveau et la passe serait défilée de la grosse houle du Sud-Ouest par cette pointe avancée de l'île de Ré.

Au total l'établissement maritime ainsi étendu aurait un développement de plus de 8 000 mètres de nouveaux quais.

***

En terminant, il y a lieu de faire remarquer que les travaux des trois étapes ont été étudiés et établis en tenant compte de n'apporter aucune gêne aux mouillages qu'occupent les escadres de notre marine nationale, qui viennent fréquemment visiter notre rade, et que les travaux projetés sont susceptibles de permettre à de très importantes unités de combat de pénétrer à l'intérieur des ouvrages pour assurer directement à quai leur ravitaillement en vivres et charbons.

La Rochelle, 30 *septembre* 1912.

MOUVEMENT DE LA POPULATION MUNICIPALE DE LA ROCHELLE

Recensement de 1886.......... 19.883 habitants
    »   1891.......... 23.924   »
    »   1896.......... 25.621   »
    »   1901.......... 28.578   »
    »   1906.......... 30.411   »
    »   1911.......... 33.190   »

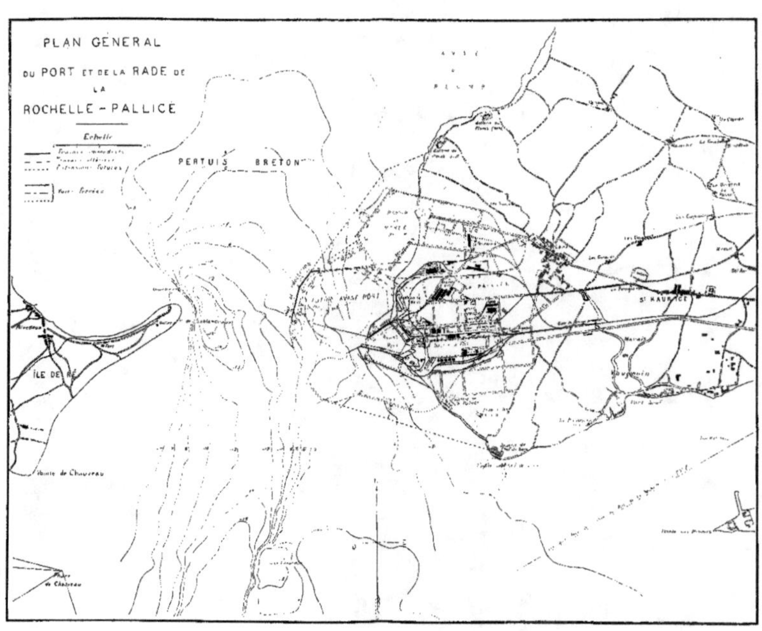

PLAN GÉNÉRAL
DU PORT ET DE LA RADE DE
LA
ROCHELLE - PALLICE
Echelle
PERTUIS BRETON
ÎLE DE RÉ
ST MAURICE
Pointe de Chauveau